前　言

　　当你睁开自己的眼睛，看着这个生机勃勃的世界的时候，你不仅仅是在注视着这个世界的一瞬间，同时也看到了它数十亿年变化的结果。无论是哪棵树木，哪棵小草，哪只飞鸟，或是哪只甲虫，我们都不会因为它的消失而绝望，因为它们的种族不会因此而消失，因为生物可以生殖，它们的特征也可以遗传给下一代。

　　我们知道生物不同于石头的最大原因就是具有生命，生物的生命可以通过生殖而传递下去，正是因为这个原因，我们今天才得以看到充满生机的地球。但是你不用期待着从一个鸡蛋里孵化出一个新的从来没有见过的生物，这是因为生物的特征是可以遗传的，通过遗传，生物会在很大程度上和前一代保持一致。

　　作为一门科学，生殖和遗传是人类科学研究的重要领域，在这个领域中也产生了对人类生活影响巨大的成果，要了解这门科学，就要从了解它的基础知识开始。本书就是要向读者介绍遗传和生殖基础知识，帮广大青少年读者揭开这一领域的神秘面纱。

目　录
MULU

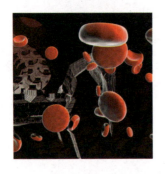

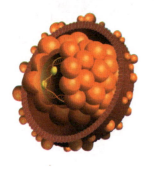

科学在你身边
KEXUEZAINISHENBIAN

生殖与遗传

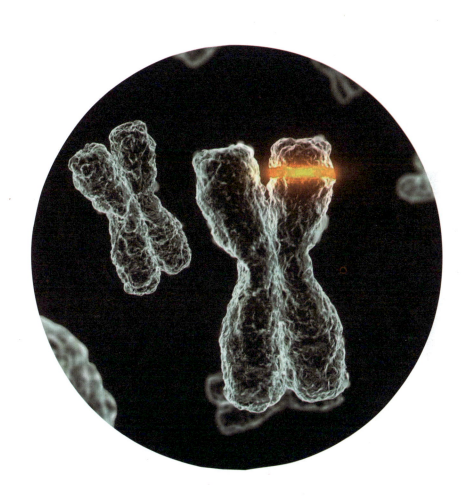

北方妇女儿童出版社

MULU

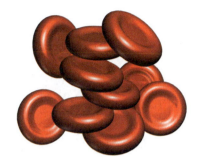

 # 多样的生物形式

地球,这个人类的家园,在这里存在着多种多样的生物形式,既有最低等最原始的微生物,又有植物和动物等相对高等的生物,各个范畴内又包含着无数的物种,由此构成了庞大的生物体系。

单细胞原核生物

生物可以根据细胞数目分为单细胞生物和多细胞生物,也可以根据是否有真正的细胞核分为原核生物和真核生物。原核生物没有核膜和核仁,只有一个"假核"。如果一个原核生物只含有一个细胞,那我们就叫它单细胞原核生物,比如细菌和蓝藻等。

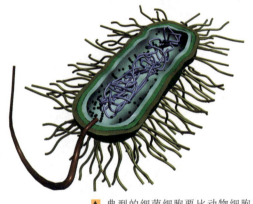

⬆ 典型的细菌细胞要比动物细胞小1000倍左右,只有用电子显微镜才能看清楚。细菌主要由细胞壁、细胞膜、细胞质、核质体等部分构成,有的细菌还有夹膜、鞭毛、菌毛等特殊结构。

⬆ 用电子显微镜看到的各种形状的变形虫

单细胞真核生物

同样,如果一个真核生物只含有一个单细胞,便称为单细胞真核生物。它比单细胞原核生物的构造要复杂、高级得多,比如寄生虫之一的疟原虫和变形虫等。

霉菌

蘑菇是一种可口的蔬菜，但你知道，它其实是一种食用霉菌，属于真核生物吗？霉菌也叫"丝状真菌"，体呈丝状，种类很多，多数生长在潮湿腐烂的地方。另外霉菌还可以用来酿造酱油，制造药品，如青霉素等。

➡ 霉菌是丝状真菌的俗称，它们往往能形成分枝繁茂的菌丝体。

植物

植物世界就在我们身边，在路边、公园等地方总有它们的身影。简单的植物有苔藓、水藻等，松树、草莓等植物则属于种子植物，有些会开出美丽的花朵。可以说，植物的"家庭成员"遍布世界各个角落。

⬅ 目前，世界上植物的种类有 30 多万种。

动物

当你来到一条小河边，看到了水里的游鱼、水面的天鹅还有天空的飞鸟，你很清楚地明白这些都是动物，它们给世界带来了活泼的气息。我们人类本身也是一种灵长类动物。

⬇ 人是从古代的类人猿进化而来的。但是，不是所有猿都是人类的祖先。人类只是从一部分猿类进化来的。200 万年前，人类大脑只有现在人类的一半，而科学家也大胆地推测未来 100 万年～200 万年之后，人类的大脑将继续进化和变大。

千奇百怪的植物

目前,地球上已知的植物就有几十万种,这些植物使地球充满了生命的气息。如此多的植物中自然存在一些千奇百怪的个体,它们用自己的美丽绚烂装点这个世界。

最高的树与最矮的树

如果举办世界树木界高度竞赛的话,那最高的一定是澳大利亚的杏仁桉树,矮柳或矮北极桦则是最矮的。杏仁桉树有 50 多层楼那么高,而矮北极桦还没有蘑菇高呢!

← (左图)杏仁桉树的木材是制造船、车、电杆等极好的材料。树木中还能提炼出有价值的鞣料或树胶。

← (右图)矮柳生长在高山冻土带,它的茎匍匐在地面上,抽出枝条,长出像杨柳一样的花序,高不过 5 厘米。

最粗的树与最硬的树

据说,世界上最粗的树是位于意大利西西里岛的一株叫"百马树"的大栗树,它的树干需要 30 多个人手拉着手才能围一圈,树洞竟然能当宿舍或仓库用。如果这还不算惊人,那坚硬的铁桦树应该会让你惊叹了,就算是子弹打在这种树上,也会如同打在厚钢板上一样,没有任何损伤。

↑ 百马大栗树虽饱经沧桑,现在仍然枝繁叶茂,开花结果。

← 铁桦树比普通的钢还要硬 1 倍,是世界上最硬的木材,人们把它用作金属的代用品。

最轻的树

生长在美洲热带森林里的轻木,也叫巴沙木,是世界上最轻的木材。用它做成的火柴棒要比用杨木做成的轻3倍!虽然这种木材很轻,但却很结实,因此成为一种宝贵的材料,常见的用途是做成保温瓶的瓶塞。

↑ 轻木是世界上最速生的树种之一,一年就可长到五六米高,直径达到5厘米～13厘米。由于它体内细胞组织更新很快,植株的各部分都异常轻软而富有弹性。

↑ 榕树有很大的树冠

树冠最大的树

孟加拉有一种榕树的树冠,可以覆盖近两个足球场那么大的地方,当地人们还在一棵孟加拉老榕树下开办了一个人来人往、熙熙攘攘的集市。世界上再没有比这更大的树冠了!

↱ 在沙漠旅行,如果口渴,不必动用"储备",只需用小刀在随处可见的猴面包树的"肚子"上挖一个洞,清泉便喷涌而出,这时就可以拿着杯子接水畅饮一番了。猴面包树能贮几千千克甚至更多的水,简直可以称为荒原的贮水塔了。

不怕火的树

我们都知道,为了避免发生火灾,森林里是禁火的。但是,在我国南海一带生长着一种叫海松的树却不怕火。用这种木材做成烟斗,即使是成年累月地烟熏火烧也烧不坏它。

动物中的"奇人异士"

我们知道,奇人异士说的就是那些身怀绝技、隐世不出的高人。其实动物世界也有这样的"高人",只不过它们的"绝技"是先天遗传的;它们也不会隐匿不出,而会利用这些"绝技"更好地生存下去。

最高的动物

要说动物中谁最高,那肯定是长颈鹿了。它的脖子特别长,抬头时看上去就好像一座高高的瞭望塔。野生长颈鹿据说有接近7米高的,比最高的大象还要高呢!

➡ 长颈鹿是陆地上最高的动物,雌雄都有外包皮肤和带茸毛的小角,眼大而突出,位于头顶上,适宜远望,遍体具棕黄色网状斑纹。

➡ 蜂鸟是唯一可以向后飞行的鸟,它也可以在空中悬停以及向左和向右飞行。

最小的鸟

世界上最小的鸟儿是"微型"蜂鸟,仅仅只有2克重,体形非常小,从嘴尖到尾尖也不过5厘米长,可以像蜜蜂一样钻进花朵里去汲取花蜜。

最大的动物

蓝鲸是世界上最大的动物。它的舌头上能站50个人，心脏足有一辆小汽车那么大，体重近200吨，体长也有近30米，大概和一架波音737飞机或三辆双层公共汽车一样长。

➡ 蓝鲸是须鲸中最大的一种，最长的是1904～1920年间捕于南极海域的一头雌鲸，长33.58米，体重170吨。

奔跑速度最快的动物

动物界中的跑步健将很多，但要说到最快的，就要数猎豹了。它追捕猎物时每小时能跑110千米，鹿、羚羊等动物奔跑时的最快速度也仅是每小时70千米，因此猎豹很快就能将它们捉住。

⬅ 大自然是非常公平的，它虽然赐予了有些动物无与伦比的速度，却没有赐予它们耐力。如果猎豹不能在短距离内捕捉到猎物，它就只能放弃，等待下一次出击。

最聪明的动物

黑猩猩是最聪明的动物，属于和人类相近的类人猿科。虽然它的大脑比大猩猩小一些，但是它的脑功能却特别显著，学习能力也比大猩猩强。

➡ 黑猩猩是与人类最相似的高等动物。研究表明，一些黑猩猩经过训练不但可以掌握某些技术、手语，而且还能运用电脑键盘学习词汇，其能力甚至超过2岁儿童。

家族成员的差异

我们人类社会是由千千万万个家庭组成的。家庭里有爷爷奶奶,有爸爸妈妈,还有兄弟姐妹等,他们是我们的亲人,有共同的血脉或共同的姓氏。

家人的组成

现在的家族一般都是由男方把女方娶进家门,然后生育子女。这些子女一般都采用父姓,长大后也各自组成家庭,男的娶妻,女的嫁人。这样一来,这个家庭就有了爷爷、奶奶、爸爸、妈妈、叔叔、姑姑、堂兄、表妹等成员了。

相似的家人

去看一看你家的"全家福"照片吧!你会发现,你和父母或者兄弟姐妹长得很像,这其实就是家族遗传的结果。有些特征在世代之间会持续出现,比较明显,其他特征可能在这一代出现,下一代时就消失了。

十大遗传特征

我们知道,如果父母皮肤都比较黑,子女就不可能有白嫩的肌肤,这就是遗传特征。有关专家经过长期研究发现,人类有10种特征与遗传有直接关系:肤色、身高、双眼皮、声音、下颚、秃头、少白头、青春痘、肥胖和"萝卜"腿。

⬆ 历史上也有很多的名人近亲结婚,这幅图描绘的就是英国在位时间最长的维多利亚女王和她的表哥(舅舅的二子)阿尔伯特结婚场面。

近亲结婚的恶果

人类是通过两性结合繁衍后代的,虽然同一家族中的成员符合这一基本条件,但他们之间的血缘相近,这种近亲结婚会导致后代患遗传性疾病的几率大大增加,比如先天性弱智、残疾等。

⬆ 埃及艳后克利奥帕特拉七世嫁给了她的亲弟弟

基 因

> 我们已经知道，人的长相、声音、肤色、身高等都是从父母那里遗传而来的。但你知道吗，如果没有基因，也就没有遗传的可能了，它就像一个邮递员，将上一代的信息传递给下一代。

两大特征

一方面，基因很稳定，可以像复制文件一样复制自己，以保全生物的基本特征；另一方面，基因还会发生突变，绝大多数突变情况会导致疾病，只有一小部分是非致病突变。这就是基因的两大特征。

孟德尔的贡献

奥地利的学者孟德尔在从事数年的豌豆实验研究后，发现了生物遗传的基本规律，使遗传学进入了一个崭新的时代，被称为"现代遗传学之父"。

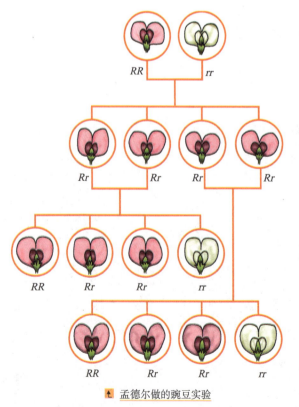

孟德尔做的豌豆实验

除了豌豆以外，孟德尔还对其他植物做了大量的类似研究，其中包括玉米、紫罗兰和紫茉莉等，来证明他发现的遗传规律对大多数植物都是适用的。

相互作用

基因控制着遗传信息与生命的具体表达，因此可以说，生物的各种生命现象几乎都是基因相互作用的结果。所谓相互作用，一般都是代谢产物的相互作用，比如说，发生在人类身上的各种疾病，都是由于人类基因组与病源基因组中的有关基因相互作用的缘故。

基因变异和重组

多数生物的基因由脱氧核糖核酸（DNA）构成，DNA就像一个螺旋链条，由很多小分子构成。如果这些小分子中有一个出现错误，DNA就发生了变化，这就是基因变异；而基因重组则是不同的DNA链条断裂而又重新组合，生成新的DNA分子。

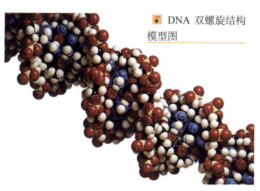

↓ DNA 双螺旋结构模型图

基因对智力的影响

近年来有研究表明基因对人的智力有很大的影响。这是因为决定个人能力、智力高低的是大脑中相关的神经系统，而它又是取决于个体父母的遗传组中的基因。

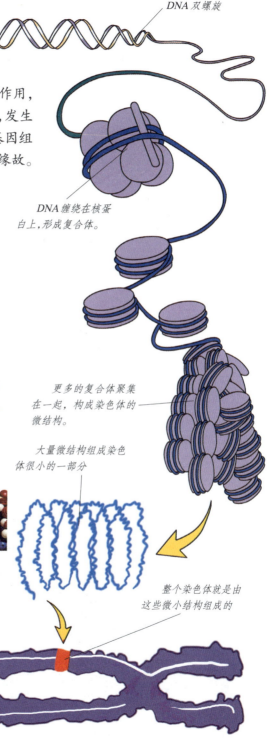

DNA 双螺旋

DNA 缠绕在核蛋白上，形成复合体。

更多的复合体聚集在一起，构成染色体的微结构。

大量微结构组成染色体很小的一部分

整个染色体就是由这些微小结构组成的

基因工程

随着 DNA 的内部结构和遗传机制的秘密逐渐呈现在人们眼前，生物学家开始尝试重组基因，完全按照人的意愿创造新的生物，这就是基因工程，或者叫"遗传工程"，比如我们熟知的克隆羊、抗病虫西红柿等。

人类基因组计划

为了对人类基因组进行精确检测，发现所有人类基因并搞清其在染色体上的位置，破译人类全部遗传信息，美国科学家于 1985 年率先提出了人类基因组计划，随后英国、法国、德国、日本和我国科学家共同参与了这项研究计划。

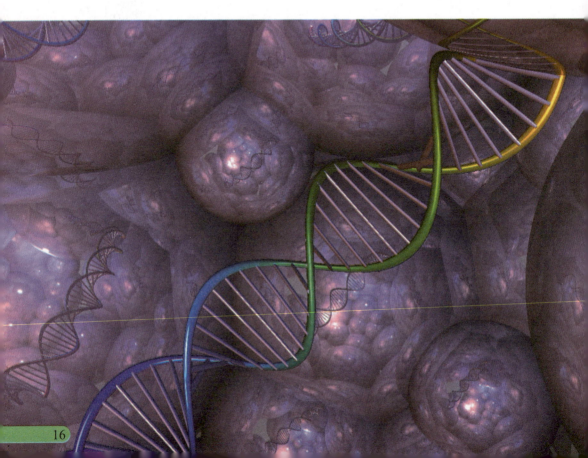

基因工程的前景

　　自从基因的一系列秘密被人类成功破译后，人们开始把它应用到各种领域中，并在实践中继续研究。目前，无论是在环境保护上，还是在医学治疗上，基因工程都表现出巨大的发展前景。

　　▶ 目前，基因工程的成果已广泛应用于农作物和畜禽品种改良、药物以及环保、冶金、轻工等诸多方面，在很大程度上改变了人类的生产和生活，具有广阔的应用前景。

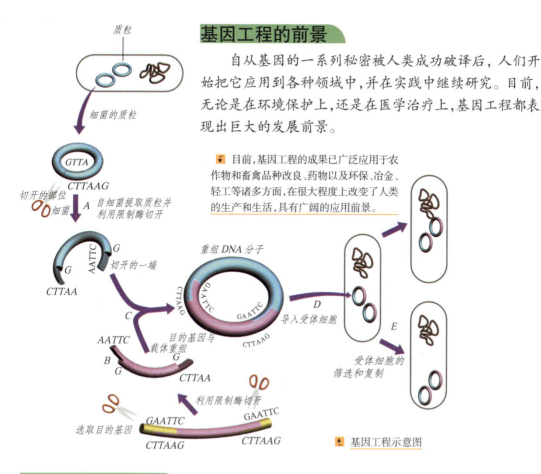

基因工程示意图

推进传统中药发展

　　近年来，有人提出基因的研究可以被引入中药植物培植方面，使一些珍稀中药植物可以更好地为人类服务，推进中医学的发展。

基因工程的意义

　　运用基因工程技术，不但可以培养优质、高产、抗性好的农作物及畜、禽新品种，还可以培养出具有特殊用途的动物、植物等。

　　▶ 基因工程的发展，使人类有可能按照自己的意愿对生物体的基因进行修改，以满足人类更多的需要。

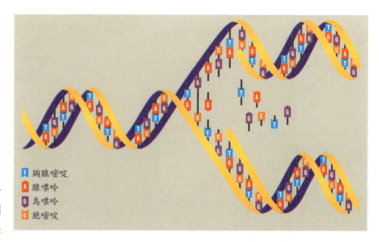

T 胸腺嘧啶
A 腺嘌呤
G 鸟嘌呤
C 胞嘧啶

基因的应用

正如发现一种规律就要用它来造福人类一样，基因的神秘面纱一旦被揭开，人们便在各个行业、领域开始利用它形成创新技术，以推进人类文明的进程。

基因诊断与疗法

癌症、糖尿病等病症都是遗传基因缺陷引起的，通过使用基因芯片分析人类基因组，便可诊断出致病的遗传基因。致病基因找到了，医生就可以给它"动手术"了，这就是找到基因疗法。

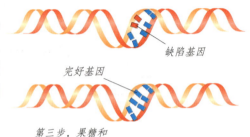

缺陷基因

完好基因

第三步，果糖和葡萄糖被释放出来。

蔗糖分子

第一步，蔗糖分子和酶结合在一起。

酶化作用对象

活性部位

葡萄糖

果糖

H_2O

产物

酶

第二步，蔗糖分子被分解成葡萄糖和果糖。

第三步，酶重复进行分解过程。

← 蔗糖分子结合得很紧密，而且很难被分解，但是生物体内的酶却可以提供帮助。在酶的帮助下，蔗糖分子被分解为葡萄糖和果糖，而酶却丝毫无损，可以再次利用。

基因环保

基因芯片在环保方面也大有可为，不但可以高效地探测各种污染，还能帮助研究人员找到具有解毒和消化污染物功能的天然酶基因，进而制成转基因细菌用来清理被污染的河流或土壤。

基因武器

大家都打过预防针吧？打预防针可以在体内产生针对某些特定疾病的抗体，基因武器也是如此。人们通过基因重组，将一些致病基因接入本来不会致病的微生物体内，相当于产生抗体，从而制造成生物武器。

➡ 种牛痘是人类早期预防天花的重要基因武器

基因计算

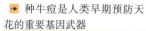

电脑在最初的时候是一种计算器，因此也叫计算机。令人惊奇的是，居然还有一种"生物计算机"！DNA分子类似"计算机磁盘"，拥有信息的保存、复制、改写等功能。当基因芯片对不同生物状态做出计算后，DNA分子便将这些数据保存下来。

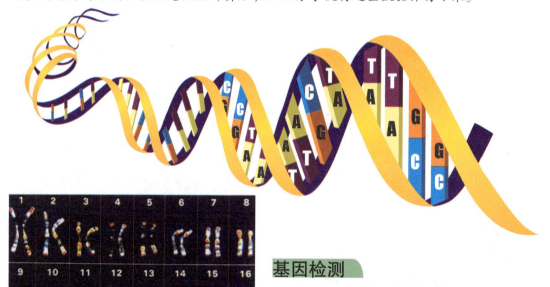

基因检测

基因检测主要通过血液、其他体液或细胞对DNA进行检测，可以诊断疾病，也可以用于疾病风险的预测。目前有1 000多种遗传性疾病可以通过基因检测技术做出诊断。

 # 破案神探

> 福尔摩斯是家喻户晓的神探,但他只是小说中的人物,现实中如果出现一些疑案,还得需要基因工程技术来协助人们破案,下面就让我们一起来关注一下这个"小神探"的辉煌战绩吧!

亲子鉴定

8年前,有一对夫妻遭到了歹徒的抢劫,并被掳走了孩子。过了几年,警察将孩子找了回来,但孩子的体貌变化很大,只好去做了DNA检测,结果证实孩子的DNA与这对夫妻的DNA完全吻合,一家人得以团圆。这就是亲子鉴定的功劳。

← 鉴定亲子关系目前用得最多的是DNA分型鉴定。人的血液、毛发、唾液、口腔细胞等都可以用于亲子鉴定。

→ 路易·夏尔在狱中三年,每日仅有一餐最后被砍去四肢,悲惨地死去。

皇室之谜

法国大革命时,法国国王路易十六的儿子路易·夏尔究竟是死于狱中,还是逃过了追捕一直是一个谜。后来,科学家抽取墓地里尸体的DNA与健在和已故的皇室成员的DNA样品进行了对比,结果证明死者就是路易·夏尔。

真假公主

无独有偶,俄国十月革命时,沙皇一家被执行枪决,但有人怀疑沙皇的小女儿安娜丝塔西娅公主可能并没死。此后频频有人自称是这位公主,有一位甚至得到了沙皇后裔的认可,但在 DNA 鉴定下,还是现出了原形。

➡ 安娜丝塔西娅公主的原形与电影海报

调查走私

有一次,德国警方发现数量庞大的走私烟,但现场除了几个烟蒂外,根本没有人。后来警方在附近抓了三名嫌疑人,并从烟蒂上残留的唾液中提取 DNA 与这三名嫌疑人的 DNA 对照,发现完全吻合。

⬅ 在法庭上作为证据提供的 DNA 指纹

鉴别文物

有一位商人购买了几幅印象派画家高更的名画,并在上面发现了几根高更的头发。为了证明这几幅画是真品,他找到了高更的后代,将提取的 DNA 进行对照,发现两者完全吻合,说明画确实是高更的作品。

⬆ 塞尚、凡高、高更合称后印象派三杰

转基因技术

我们在清水中滴入一滴墨水,很快清水就会被染黑,转基因就是与之类似的情况。将人工分离和修饰过的基因导入生物体的基因组中,并引起生物体的身体发生改变的技术,就是转基因技术。

植物转基因方法

常用的植物转基因方法是花粉管通道法。它利用植物在开花、受精过程中,将外源基因通过花粉管通道导入进去,最终形成新个体,比如在我国大面积推行的转基因抗虫棉。此外还有农杆菌介导转化法和基因枪法等。

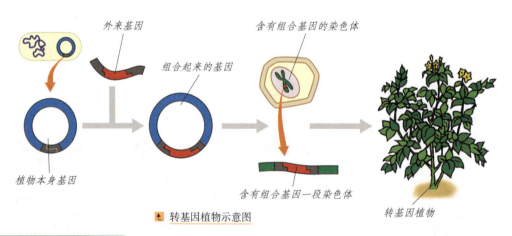

外来基因

含有组合基因的染色体

组合起来的基因

植物本身基因

含有组合基因一段染色体

转基因植物

↑ 转基因植物示意图

动物转基因方法

动物转基因方法主要有两种途径:一种是在显微镜下,用一根极细的玻璃针直接将外源基因注射到胚胎的细胞核内,再移植到动物体内,使之发育成正常的幼仔;另一种是先将基因导入体细胞,在获得带转基因的细胞后,将其移植到去掉细胞核的卵细胞中,重构胚胎,最后再移植到母体中。

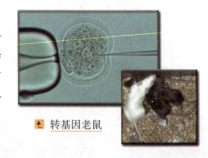

↑ 转基因老鼠

转基因食品

有些高产玉米、土豆、西红柿等植物,还有些改良的鱼、牛、羊等动物,都是转基因的成果。将这些东西加工成食物,就是转基因食品了。这种食品口感上与普通食品没多大差别,然而在性状、营养品质、消费品质等方面却有了很大程度的改变。

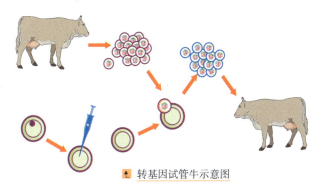

↑ 转基因试管牛示意图

↑ 中国第一头转基因试管牛滔滔

转基因小麦

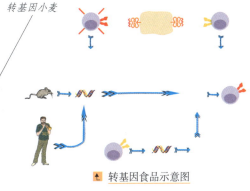

↑ 转基因食品示意图

⬇ 通过转基因植物的培育,可以获得营养品质更好的作物,还可获得抗病虫害、抗低温等不良环境的作物,这样,农业生产和人民生活就有望得到很大改善。

转基因技术对环境的影响

转基因技术对环境的不利影响主要体现在农田生态系统上。转基因作物在种植过程中,有可能因为基因流和杂交而产生新的农田杂草、新的病毒、新的害虫,甚至转基因植物自身变为杂草。此外,对人类健康也可能产生威胁。

 # 细胞结构

就像房子是由一块块砖石垒砌成的一样，所有生物体都是由一个个细胞构筑起来的，它是生物体的基本结构和功能单位。在光学显微镜下观察细胞，可以看到它的结构分为下列几个部分。

细胞壁

细胞壁位于细胞的最外层，是一层透明的薄壁，对细胞起着支持和保护的作用。它主要是由纤维素组成的，而且有许多小孔，可以让物质分子自由通过。

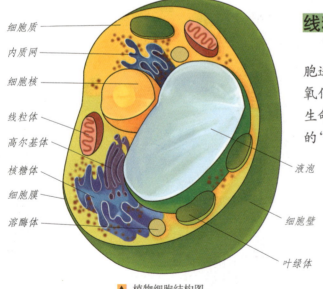

细胞质
内质网
细胞核
线粒体
高尔基体
核糖体
细胞膜
溶酶体

液泡
细胞壁
叶绿体

⬆ 植物细胞结构图

线粒体

作为细胞器之一的线粒体是细胞进行呼吸作用的场所，它将有机物氧化分解，并释放能量，维持细胞的生命活动，所以有人称线粒体为细胞的"发电站"或"动力工厂"。

⬅ 细胞是生命的基本单位，细胞的特殊性决定了个体的特殊性，因此，对细胞的深入研究是揭开生命奥秘、改造生命和征服疾病的关键。细胞生物学已经成为当代生物科学中发展最快的一门尖端学科，是生物、农学、医学、畜牧、水产和许多生物相关专业的一门必修课程。

细胞质

细胞膜包着的黏稠透明的物质，就是细胞质。它不是凝固静止的，而是缓缓运动着的，因此可以促进细胞内部物质的运转。在细胞质中还可看到一些颗粒，这些颗粒多数具有一定的结构和功能，叫做细胞器，比如植物细胞中的绿色颗粒——叶绿体，细胞中的"泡泡"——液泡等。

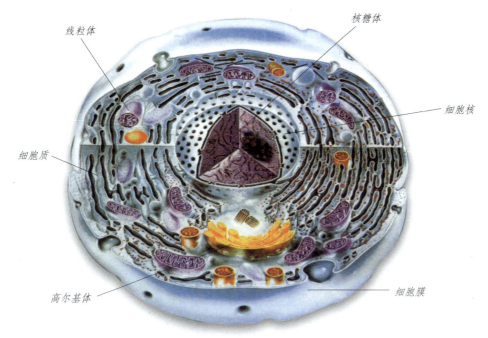

线粒体

核糖体

细胞核

细胞质

高尔基体

细胞膜

⬆ 动物细胞结构图

细胞膜

　　细胞壁的内侧紧贴着一层很薄的膜，这层膜就是细胞膜。它就像一名"守卫"，除了有保护细胞内部的作用外，还具有控制物质进出细胞的作用。它既不让有用物质任意地渗出细胞，也不让有害物质轻易地进入细胞。

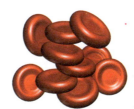

⬅ 红细胞中含有血红蛋白，因而使血液呈红色。血红蛋白能和空气中的氧结合，因此红细胞能通过血红蛋白将吸入肺泡中的氧运送给组织，而组织中新陈代谢产生的二氧化碳也通过红细胞运到肺部并被排出体外。

细胞核

　　细胞质里含有一种近似球形而且更加黏稠的物质，它就是细胞核。细胞核由核膜、染色质、核液和核仁四部分构成。就像枣核藏在枣中一样，细胞核通常位于细胞的中央，成熟的植物细胞的细胞核，往往被中央液泡推挤到细胞的边缘。

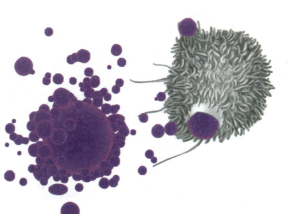

➡ 白细胞是机体防御系统的一个重要组成部分，它通过吞噬和产生抗体等方式来抵御和消灭入侵的病原微生物。

走近细胞

> 走近细胞,你会发现其实它并没有想象中那么神秘。这样一种构成生命的基本单位虽然很不起眼,但具有非常重要的作用,任何生物体离开它将不复存在。

细胞的化学成分

细胞中的化学物质主要是无机物和有机物两大类,无机物主要是水和无机盐,有机物则是蛋白质、核酸、脂肪和糖。这些成分中包含碳、氢、氧、氮等化学元素,为细胞提供运动所需的营养和能量。

构成生命的物质有很多,蛋白质是生命的核心物质。鸡蛋是一种幼小生命的起源,蛋黄中富含蛋白质。

细胞学

就像医学是研究健康问题的科学一样,研究细胞结构和功能的科学便是细胞学,是生物学的一个分支。不论是对于有机体的遗传、发育以及生理机能的了解,还是对于作为医疗基础的病理学、药理学等以及农业的育种等,细胞学都至关重要。

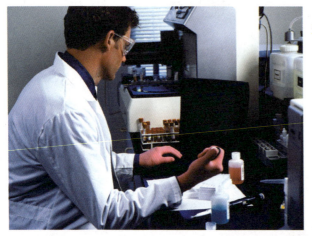

细胞学已经渗透到人类生活的众多领域,取得了许多具有开发性的研究成果。

动物细胞与植物细胞

动物细胞与植物细胞相比较,有很多相似之处,比如动物细胞也具有细胞膜、细胞质、细胞核等结构。但两者又有一些重要的区别,比如动物细胞的最外面是细胞膜而没有细胞壁;细胞质中不含叶绿体,也不形成中央液泡。

人类细胞

　　人类身体的全部器官都是由细胞组成的。在人体中，已经分化好的细胞，如肝细胞、肌肉细胞等，组合起来就构成了组织；不同的组织再进一步结合成不同功能的集合体，就形成了器官；最终器官又组合成了系统。

　　← 红细胞通过血红蛋白运送氧气，红细胞的90%由血红蛋白组成。血红蛋白(Hb)由珠蛋白和亚铁血红素结合而成。血液呈现红色就是因为其中含有亚铁血红素的缘故。

人类细胞之最

　　人体内最大的细胞当数卵细胞，最长的细胞是骨骼肌细胞，线粒体最多的细胞是肝脏内的肝细胞，而寿命最长的细胞则是神经细胞。

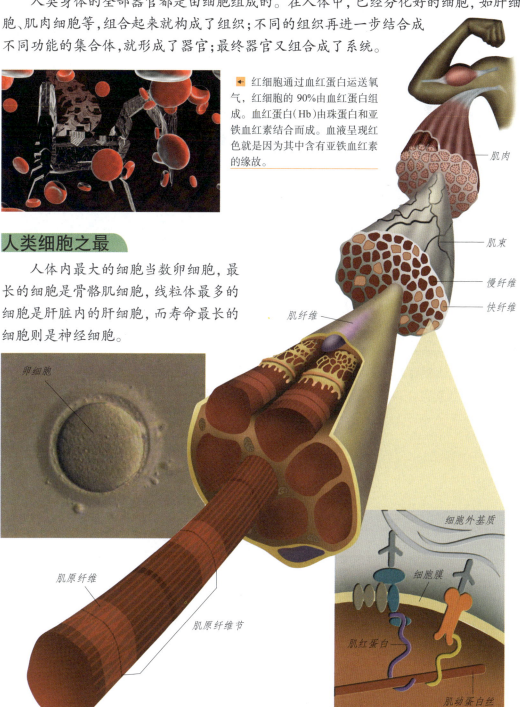

肌肉

肌束

慢纤维

快纤维

肌纤维

卵细胞

肌原纤维

肌原纤维节

细胞外基质

细胞膜

肌红蛋白

肌动蛋白丝

▲ 肌肉内部构造图

无性生殖

任何生物都具有繁衍后代的能力，这就是生殖——生物的基本特征之一，主要分为无性生殖和有性生殖两类。无性生殖是指不经过生殖细胞的结合，只需要单亲就能产生新生命的生殖方式。下面我们来一起看看无性生殖都有哪些方式吧！

分裂生殖

分裂生殖又叫裂殖，是生物由一个母体分裂成两个子体的生殖方式，就像将一个苹果切成两半一样。这种生殖方式在单细胞生物中比较普遍，例如变形虫、细菌等都是进行分裂生殖的。

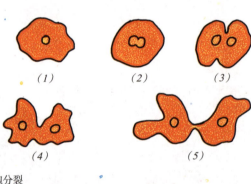

➡ 变形虫是单细胞生物，它通过细胞分裂（横裂或纵裂）来进行繁殖。

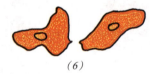

出芽生殖

出芽生殖又叫芽殖，是由母体在一定的部位生出芽体的生殖方式。芽体逐渐长大，形成与母体一样的个体，并从母体上脱落下来，成为完整的新个体。酵母菌和水螅常常进行出芽生殖。

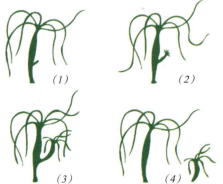

⬅ 水螅出芽生殖过程图

孢子生殖

　　有的生物成熟后能产生一种细胞，这种细胞不经过两两结合就可以直接形成新个体。这种细胞叫做孢子，这种生殖方式叫做孢子生殖。例如根霉，它的直立菌丝的顶端形成孢子囊，里面产生孢子。

⬆ 蕨类植物的孢子囊和孢子。在小型叶类型的蕨类植物中，孢子囊单生于孢子叶的近轴面叶腋或叶的基部，通常很多孢子叶紧密或疏松地集中长在顶端形成球状或穗状。

⬆ 孢子生殖过程示意图

营养生殖

　　人们常常用分根、扦插、嫁接等人工的方法来繁殖花卉和果树幼苗，这种由植物体的营养器官（根、叶、茎等）产生出新个体的生殖方式，叫做营养生殖，它能使植物体的后代保持亲本的性状。例如草莓匍匐枝能生芽，然后形成新的个体。

⬆ 果树的嫁接可使品种更加优良

有性生殖

有性生殖比无性生殖更复杂,也更先进,它是通过生殖细胞结合的生殖方式。这些生殖细胞包括雌雄配子或卵子和精子。有些生物的配子不需融合就可生殖,称为单性生殖,而大多数生物需要配子融合,称为融合生殖。

同配生殖

配子是由营养个体所产生的生殖细胞,需两两配合后才能继续存活,如果在一定时间内找不到适当的配子便会死亡。如果融合的两种配子形态和机能完全相同,没有性的区分,便是同配生殖,衣藻属中的大多数种类都是同配生殖。

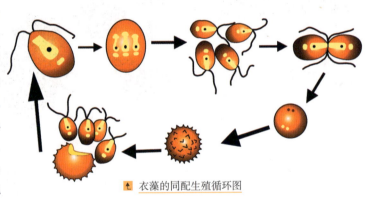

▲ 衣藻的同配生殖循环图

异配生殖

异配生殖分为生理异配和形态异配两种类型。前者是最原始的异配生殖;相对来说,后者进化得更高级,融合的两种配子在大小上有固定的差别,大的称为雌配子,小的称为雄配子。

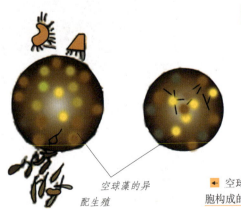

空球藻的异配生殖

▶ 空球藻一般是由 32 个与衣藻相似的细胞构成的空心群体

卵配生殖

　　融合的两种配子,在生殖结构、能动性和大小上比异配生殖差别更显著的就是卵配生殖,雄配子通常称为精子,雌配子称为卵子。卵子一般是不动细胞,而精子则具有游动能力,两者融合后产生受精卵,以此完成生殖。

最早的证据

　　生物学家在澳大利亚中部的苦泉燧石中,发现了有性生殖发生的最早、最直接的证据。这块岩石的年龄约为 10 亿年,而有性生殖实际出现还要早些,据推测,有性生殖应起源于动、植物分化前。

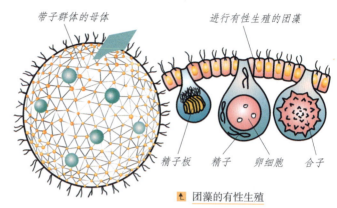

带子群体的母体　　进行有性生殖的团藻

精子板　精子　卵细胞　合子

↑ 团藻的有性生殖

有性生殖的意义

　　有性生殖中基因组合的广泛变异可以增加生物的后代适应自然选择的能力。有性生殖能促进基因有利突变的传播,加速生物进化的进程。经过了亿万年的进化,现存的 150 余万种生物中,从节肢动物到高等动植物,绝大多数都能进行有性生殖。

有丝分裂

有丝分裂又叫间接分裂，是在一百多年前由生物学家先后于动物和植物中发现的。细胞也是有生命的，它们通过分裂进行繁殖，而有丝分裂则是真核细胞分裂产生体细胞的过程。

有丝分裂的特点

有丝分裂过程中有纺锤体染色体出现，子染色体被平均分配到子细胞。而且这一过程具有周期性，即连续分裂的细胞，从一次分裂完成时开始，到下一次分裂完成时为止，为一个细胞周期，分为分裂间期和分裂期两个阶段。

动物细胞有丝分裂过程图

通过有丝分裂，每条染色体精确复制成的两条染色单体均等地分到两个子细胞，使子细胞含有同母细胞相同的遗传信息。细胞有丝分裂过可以分为：前期、中期、后期和末期，不同时期的染色体的形态和行为是各不相同的。

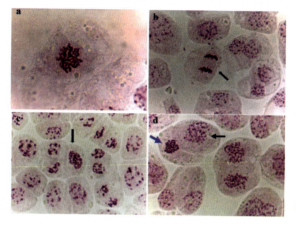

有丝分裂的意义

有丝分裂将亲代细胞的染色体经过DNA复制后,精确地平均分配到两个子细胞中,而DNA又能使亲代和子代之间保持遗传性状的稳定性。由此可见,细胞的有丝分裂对于生物的遗传有重要意义。

◀ 显微镜下看到的蛔虫细胞有丝分裂切片

有丝分裂的六个步骤

有丝分裂是一个连续循环的过程,为了便于描述,我们将其划分为六个时期:间期、前期、前中期、中期、后期和末期。

1.间期:在显微镜下可以观察到,细胞在进行分裂前的复制时,染色体会收缩,每条染色体都复制出一个完全相同的染色体。与此同时,细胞核周围的细胞膜也溶解了,使得染色体可以在细胞内自由移动。

2.前期:在这一时期,染色体变得更明显了,会像一对对小伙伴似的排列在细胞中央,而且会出现许多细细的丝状物把它们包围住,这些丝状物看起来像纺锤,因此叫做纺锤体。

3.前中期:原来的染色体与复制出来的染色体"组队"并不长久,就被分开了,并分别向纺锤体的两端移动;之后,细胞的中间段开始收缩,看起来像一个没成熟的花生。

4.中期:这个"花生"终于长成了颗粒饱满的"双仁",也就是说细胞成功地分成两个完全相同的新细胞,都含有与亲代细胞相同的染色体和基因。

5.后期:两个新细胞彻底分开,依靠制造出的新的蛋白质而生长。

6.末期:新细胞"成年"后也要准备生育下一代了,也就是说再度分裂即将开始了。在有些情形下,这种间隔只需数十分钟。

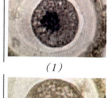

(1)

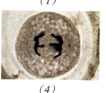

(4)

(2)

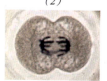

(5)

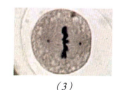

(3)

◀ 显微镜下植物细胞有丝分裂过程图

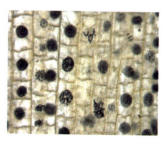

◀ 显微镜下的植物细胞

 # 减数分裂

在形成生殖细胞的时候,原细胞内DNA的数目会按照一定的规律减少一半,这种细胞分裂方式被称为减数分裂。减数分裂只存在于可以进行有性生殖的生物中。

配子减数分裂

配子减数分裂过程中,细胞分裂和配子的形成紧密联系在一起。在雄性脊椎动物中,一个精母细胞经过减数分裂形成4个精细胞,发育成成熟的精子;在雌性脊椎动物中,一个卵母细胞经过减数分裂形成1个卵细胞和2个~3个极体。

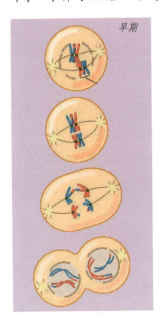

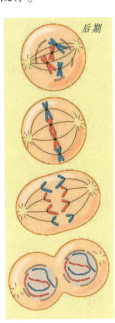

早期　*中期*　*后期*

这三幅图是细胞减数分裂早期、中期、后期变化的示意图。

合子减数分裂

合子减数分裂仅见于蘑菇、苔藓等真菌和某些原核生物中,通常发生于合子形成之后,形成单倍体的孢子,然后孢子再通过有丝分裂产生新的单倍体后代。

孢子减数分裂

　　这种类型的分裂多见于植物和某些藻类，细胞分裂和配子的形成没有直接关系，分裂的结果是形成单倍体的配子体（小孢子和大孢子）。然后小孢子和大孢子再经过几次有丝分裂各自形成雄配子的成熟花粉和雌配子的胚囊。

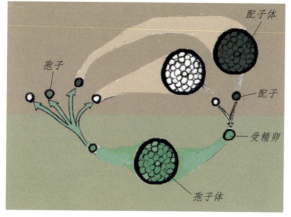

⬆ 孢子减数分裂示意图

第一次减数分裂

　　第一次减数分裂主要经历了前期、中期、后期和末期四个时期，其中前期又根据染色体的形态分为五个阶段，即细线期、偶线期、粗线期、双线期和终变期。到末期时，重新生成的细胞紧接着发生第二次分裂。

第二次减数分裂

　　减数第二次分裂与减数第一次分裂紧接，有时也会出现短暂的停顿。在分裂前，细胞核不再进行 DNA 的复制，这个过程与有丝分裂基本相似。

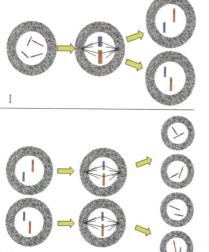

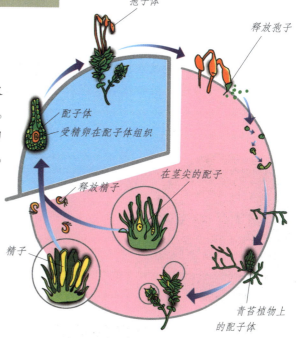

⬆ 青苔孢子减数分裂循环图

　　⬅ 减数分裂由紧密连接的两次分裂构成。通常减数分裂 I 分离的是同源染色体，所以称为异型分裂或减数分裂。减数分裂 II 分离的是姊妹染色体，类似于有丝分裂，所以称为同型分裂或均等分裂。

精 子

精子就是雄性生殖细胞，是通过有性生殖来繁衍后代的生物的重要细胞，这些生物要产生新个体，就必须通过雄性生物的精子和雌性生物的卵子结合生成受精卵，再发育成胚胎。

植物精子

植物的精子是植物的雄性生殖细胞，它可以和植物的雌性生殖细胞——卵子结合成新的生命个体。一般来说，占据植物界主导地位的有花植物的精子产生于雄蕊中，通过花粉颗粒沿着花粉管进入雌蕊，与卵子结合。

➡ 显微镜下看到百合无数的精子围绕一个卵子

⬅ 显微镜下看到的动物精子

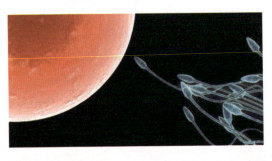

动物精子的结构

雄性动物精子的形状与一般细胞存在很大差异，各种动物的精子按照形状分为典型性的精子结构和非典型性的结构。典型的一般为蝌蚪状，头部近似圆柱形（各种动物不尽相同），尾部细长如鞭毛；非典型的没有鞭毛且形态多样。

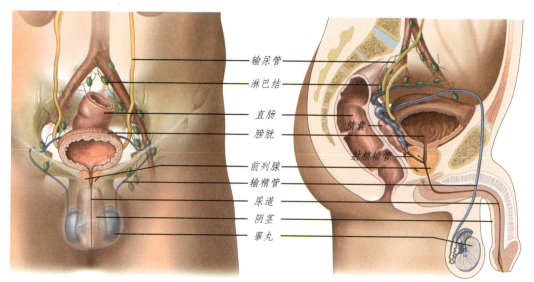

输尿管	
淋巴结	
直肠	精囊
膀胱	
	射精输管
前列腺	
输精管	
尿道	
阴茎	
睾丸	

⬆ 男性生殖器官示意图

精子的产生

　　植物的精子是由雄性生殖器官雄蕊中的孢子囊产生的,而动物(比如人类)则是由最基本的性器官睾丸产生精子的,另外还有其他的附属生殖结构则用于提供营养,使精子发育成熟。

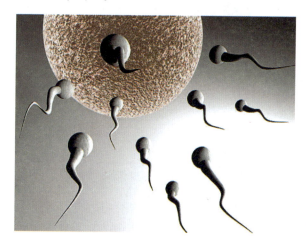

精子的运动形式

　　在电子显微镜下可以看得到,有些动物的精子像一条条小蝌蚪,摇着像鞭毛一样长长的尾巴四处游动。

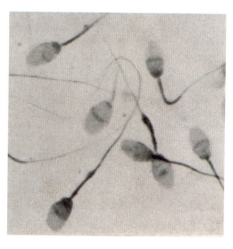

精子是个"运动员"

　　一个成年男性每天可以产生上亿个精子,这些精子需要大约 10 周的时间才能达到成熟。精子是"游泳健将",每小时能游 30 厘米,相当于一个正常的人每小时游 8.5 千米。

卵　子

卵子是雌性生物的生殖细胞，而我们通常所说的卵子则是指女性的生殖细胞。所有哺乳类雌性在出生时，卵巢内已经有卵原细胞存在，并且在出生后这些卵原细胞的数目也不会增加。

卵子的构造

一个发育成熟的卵子是球形的，有一个细胞核，被外表三层薄膜包裹着。最外面那层叫放射冠，起到保护卵细胞的作用；中间的是透明带，是卵细胞与外面放射冠的联络站，可以从周围环境摄取所需要的物质；再往里是卵黄膜，这是卵细胞的细胞膜。

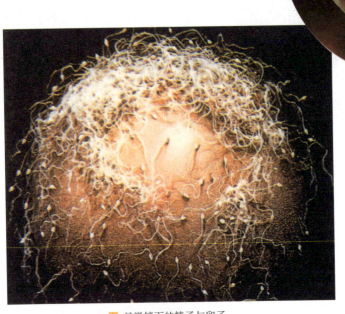

↑ 显微镜下的精子与卵子

卵子能活多久

在自然状态下，从卵巢中排出的卵子，如果没有受精的话，一般可以存活12小时～24小时；如果是在较为理想的实验状态下，则要"长寿"得多，有些比较"强壮"的卵子甚至可以存活72小时！

女性卵子的产生

对人类的繁衍而言,卵子是必不可少的,因为它是产生新生命的母细胞,也是女性独有的细胞,由卵巢产生。卵巢的主要功能除分泌雌性激素外,就是产生卵子。一般来讲,女性一生排出的成熟卵子约为 300 个~400 个。

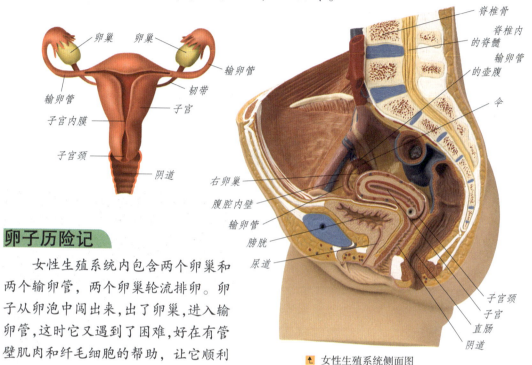

卵巢　卵巢
输卵管
韧带
输卵管
子宫
子宫内膜
子宫颈
阴道

脊椎骨
脊椎内的脊髓
输卵管的壶腹
伞
右卵巢
腹腔内壁
输卵管
膀胱
尿道
子宫颈
子宫
直肠
阴道

⬆ 女性生殖系统侧面图

卵子历险记

女性生殖系统内包含两个卵巢和两个输卵管,两个卵巢轮流排卵。卵子从卵泡中闯出来,出了卵巢,进入输卵管,这时它又遇到了困难,好在有管壁肌肉和纤毛细胞的帮助,让它顺利进入了子宫。

⬆ 精子与卵子结合就形成了受精卵,受精卵在子宫发育便是新的生命的诞生。

"巨大"的卵子

卵子是人体最大的细胞,直径约为 0.2mm,用肉眼就能够看得见。与精子相比,卵子绝对算得上是庞然大物了!

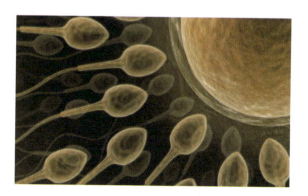

 # 受 精

　　我们的生命源于一个卵子与精子的相遇。卵子和精子结合便形成受精卵，即一个新生命的开始。受精方式有体内受精和体外受精，单精受精和多精受精两种，而前一种还包括自体受精和异体受精。

体内受精与体外受精

　　体内受精多发生于爬行类、哺乳类等高等动物身上，通过雄性与雌性交配，将精子送入雌性子宫与卵子结合成受精卵。而某些鱼类和部分两栖类等水生动物则是将精子和卵子同时排出体外，在水中受精，因此称为体外受精。

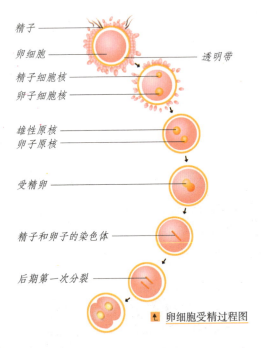

精子
卵细胞
透明带
精子细胞核
卵子细胞核
雄性原核
卵子原核
受精卵
精子和卵子的染色体
后期第一次分裂

▲ 卵细胞受精过程图

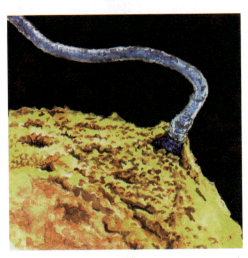

▲ 精子的头部已进入卵细胞

自体受精和异体受精

　　有性别的动物一般是异体受精，有一些低等动物既能产生卵子，也能产生精子，它们是雌雄同体动物。而雌雄同体的动物受精则分成两种情况：一种是自体的精子与卵子结合，如绦虫；另一种是与别的个体交换，如蚯蚓。

单精受精与多精受精

　　只有一个精子进入卵子内完成受精，卵子成为受精卵后便会阻止其他精子入内，这种形式的受精，即单精受精。但如果因为卵子的自身原因导致一个以上精子进入卵子，便是病理性多精受精，也有生理性多精受精，但最终仍然只有一个精子与卵子结合。

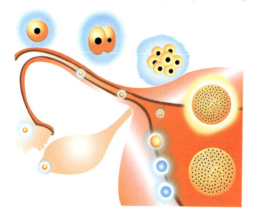

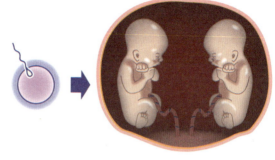

⬆ 双胞胎是单卵双胎，是一个精子与一个卵子结合产生的一个受精卵。这个受精卵一分为二，形成两个胚胎。

受精过程

　　雄性动物的精子通过交配进入雌性动物的子宫后，与雌性动物排出来的卵子相遇，之后它们"相爱"了，它们融合为一体，形成了受精卵。

⬆ 从体内取出未受精的卵细胞

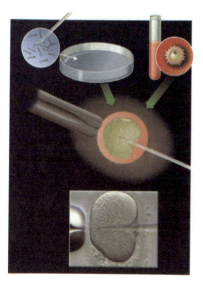

⬆ 人工体外受精

　　经过科学家长时间的研究，人类也可以在体外人工控制的环境中完成受精过程。

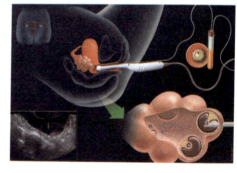

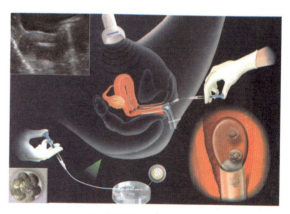

⬆ 把胚胎移入体内

人胚胎发育过程

正在成长的胎儿称为胚胎。胚胎的发育过程是一个极为细致复杂的过程，是细胞和组织按照一定的顺序进行分化的过程，这个过程中不能受到任何干扰，否则就会导致胚胎产生各种畸形。

胚泡的形成

卵子大约在受精 30 个小时之后经过卵裂形成像桑葚一样的胚芽，即桑葚胚，并在 4 天～5 天后由输卵管移到子宫内，经过继续繁殖分裂而形成胚泡。

哺乳类的卵为无黄卵，进行完全卵裂而形成卵裂球的团块，不久在团块内部生出空腔，逐渐扩大，最后成为由一层细胞围成的泡状体，这样的泡状体就是胚泡。

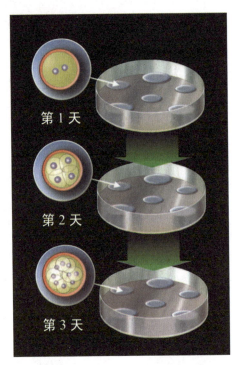

第 1 天

第 2 天

第 3 天

⬆ 在培养皿中看到的三天受精卵发育的过程

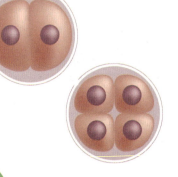

胚盘的形成

胚盘是由受精卵形成，胚胎发育的部位。它是一个夹在羊膜囊和卵黄囊之间、形似圆盘的细胞组织，由靠近胚泡的内胚层和外胚层构成，为胚胎的发育提供营养。

体形的形成

胚胎继续发育，由于其中部分细胞生长迅速，周边开始向胚体的腹部卷折，分别形成了头褶、尾褶及腹褶。头、尾、腹褶进一步卷折向中央收缩，胚胎由盘状逐渐形成头宽尾细的圆柱形，臂芽和腿芽先后出现，手指和足趾也逐渐形成，外生殖凸现，但尚不能分辨性别。

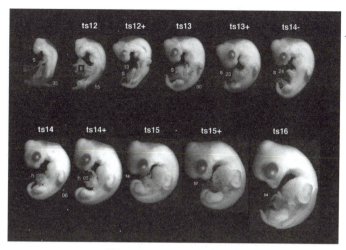

⬆ 一只海龟胚胎发育的全过程

颜面及感官的形成

颜面造型始于受精卵发育的第4周～5周，先是形成五个隆起，然后面突移动，开始形成颜面。到了第8周，眼、耳、鼻等感官形成并定位，至此便具有了人脸特征的颜面。

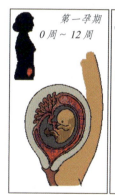

第一孕期
0周～12周

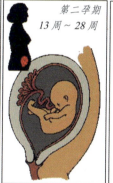

第二孕期
13周～28周

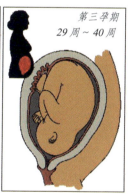

第三孕期
29周～40周

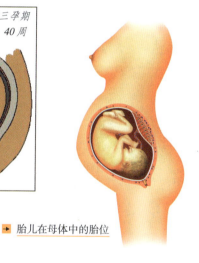

➡ 胎儿在母体中的胎位

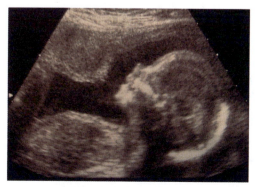

⬆ B超检测出的胎儿图像

胚层的形成

胚层也叫胚叶，胚体的各种组织和器官便是由它们发育分化而成。人或高等动物的胚胎，由于细胞迅速分裂，胚胎体内的细胞不断增加，于是分裂成三层：外胚层、中胚层、内胚层，总称胚层。

科学在你身边

胎儿的生长

婴儿生命的第一阶段是在母亲的子宫里度过的，人类的孕期大约为9个月，之后宝宝便诞生了。可爱的小宝宝几乎人见人爱，但是你知道宝宝在没出生前要经过哪些阶段吗？

第3个月

胎儿在两个月大之前称为胚胎，无论是大小还是形状都不太明显；到了第3个月，才称为胎儿，生殖器已经成形，而且胎儿开始会动，但母亲还感觉不到。这时胎儿大概有20厘米长了。

第1个月

第2个月

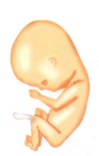
第4个月

第6个月

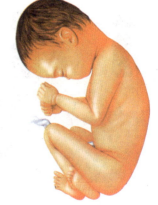
第9个月

◄ 孕妇到第5个月时体重明显增加

第5个月

到了第5个月，胎儿已经长出了头发、肌肉还有细软的胎毛，皮肤的红色逐渐退下去，但还很皱；下半月时生长出肺和指甲，性别已经可以辨认，母亲能够感觉到这个调皮的小家伙的动静。

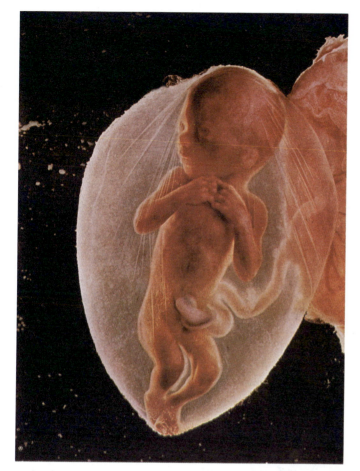

↑ 这是生长在子宫内部 18 周大的胎儿。1956 年人类第一次看到了自身生命的开始。这组照片的拍摄者是著名的瑞典人类学摄影家伦纳德·尼尔森，他花费了十年时间用以完成这组照片。这是人类第一次用可视的真实影像，揭示了一向被看做是不可思议的人的生命的奥秘。

第7个月

从第 5 个月到第 7 个月，胎儿的感觉器官开始发育成形，能够感觉到外面的声音和光线，由原先的好动转为安静。这是由于小家伙已经长到 40 多厘米长了，因此感觉子宫有些狭窄，伸不开拳脚。

第9个月

第 8 个月到第 9 个月时，胎儿翻转了身子，头朝下、臀部向上，基本上已经形成准备出生的姿势，胎毛也脱落了，取而代之的是一层保护膜，这时胎儿的长度已经接近 50 厘米了。经过了比较漫长的成长过程，住在母亲子宫里大半年的小家伙要出生了。

出生

临近出生时，母亲的子宫不断地剧烈收缩，使子宫颈扩大，将胎儿慢慢往外挤；先是胎儿的头部从产道出来，接着是身体其余部分。随着一声嘹亮的啼哭，婴儿的肺部便第一次充入了氧气，开始自主呼吸。

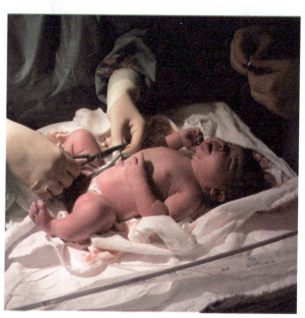

 # 细胞分化

在胚胎成熟形成个体之前，细胞早已遵循特别的方式开始发育了，这种方式就是细胞分化。细胞分化是同一来源的细胞逐渐发生各自特有的形态结构、生理功能和生化特征变异的过程。

"永不回头"的细胞分化

正常情况下，细胞分化是稳定、不可逆的，也就是说一旦细胞开始分化，就不会再回到原来的形态。不论遇到任何情况，都会通过细胞分裂继续分化下去。

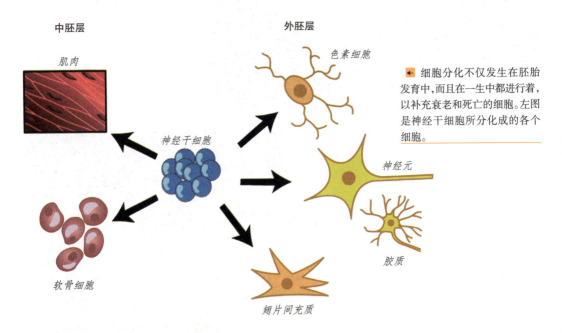

中胚层

肌肉

外胚层

色素细胞

神经干细胞

神经元

软骨细胞

胶质

翅片间充质

◄ 细胞分化不仅发生在胚胎发育中，而且在一生中都进行着，以补充衰老和死亡的细胞。左图是神经干细胞所分化成的各个细胞。

分化与细胞间的相互作用

分化与细胞之间的相互作用是各式各样的，可以是诱导作用，也可以是抑制作用。就作用方式来说，有的需要细胞的直接接触，有的可能需要间隔一定距离的化学物质的扩散。

不断递减的分化潜能

细胞能够分化出各种细胞、组织，形成一个完整的个体，因此把细胞的分化潜能称为全能性。随着分化发育的进程，细胞逐渐丧失了分化潜能，从全能性到多能性，再到单能性，直至消失分化潜能，成为成熟定型的细胞。

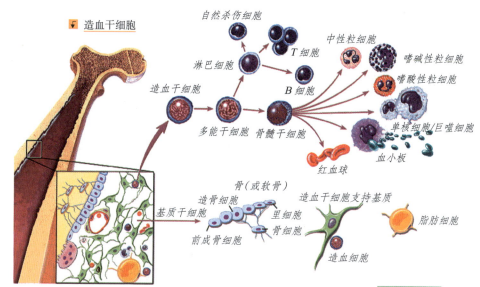

⬇ 造血干细胞

自然杀伤细胞
T 细胞
淋巴细胞
B 细胞
造血干细胞
多能干细胞
骨髓干细胞
中性粒细胞
嗜碱性粒细胞
嗜酸性粒细胞
单核细胞/巨噬细胞
血小板
红血球

基质干细胞
造骨细胞
前成骨细胞
骨（或软骨）里细胞
骨细胞
造血干细胞支持基质
造血细胞
脂肪细胞

⬆ 按分化潜能的大小，干细胞基本上可分为三种类型：一类是全能干细胞，它具有形成完整个体的分化潜能，胚胎干细胞就属于此类；第二类是多能干细胞，它具有分化出多种细胞组织的潜能，但却失去了发育成完整个体的能力；第三类称为专能干细胞，只能向一种类型或密切相关的两种类型的细胞分化，比如说骨髓细胞。

干细胞

在人的一生中，皮肤、小肠和血液等组织需要不断地更新，这个任务是由干细胞完成的。干细胞是一类具有分裂和分化能力的细胞，能分化成造血干细胞、骨髓间充质干细胞、神经干细胞等不同类型的组织细胞。

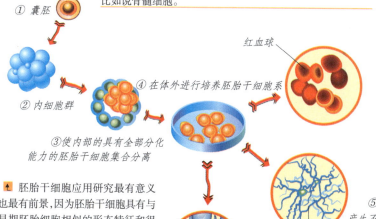

① 囊胚

② 内细胞群

③使内部的具有全部分化能力的胚胎干细胞集合分离

④ 在体外进行培养胚胎干细胞系

红血球

神经细胞

肌肉细胞

⬆ 胚胎干细胞应用研究最有意义也最有前景，因为胚胎干细胞具有与早期胚胎细胞相似的形态特征和很强的分化能力，可以无限增殖并分化，成为全身200多种细胞类型，从而可以进一步形成机体的任何组织或器官。

⑤对胚胎干细胞进行诱导，产生不同的组织细胞甚至器官，供移植用。

神经细胞

当驾驶员见到红灯时就会停车，当你的手接触到高温的物体而被烫着时，就会条件反射地赶紧把手拿开……其实这些就是体内的神经系统在下达指令，而组成庞大的神经系统的元素则是神经细胞，也叫神经元。

神经细胞的基本构造

神经细胞呈三角形或多角形，分为胞体和突起两部分。胞体包括细胞膜、细胞质和细胞核；突起由胞体发出，分为树突、轴突和轴丘。树突分布较多，分支也多；轴突一般只有一条，细长而均匀；在轴突发起的部位，胞体常有一锥形隆起，称为轴丘。

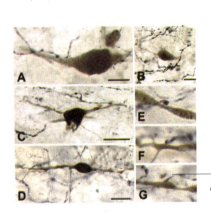

A B
C E
D F
G

显微镜下的神经细胞

➡ 神经系统有大量神经细胞，神经细胞之间的联系仅表现为彼此互相接触，但无原生质连续。典型的神经细胞树突多而短，多分支。

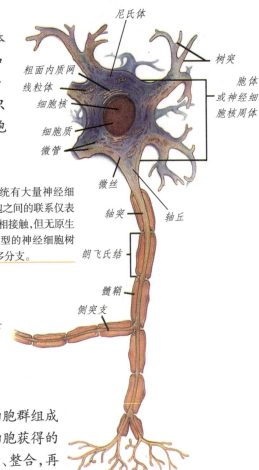

尼氏体
树突
粗面内质网
线粒体
细胞核
细胞质
微管
胞体或神经细胞核周体
微丝
轴突
轴丘
朗飞氏结
髓鞘
侧突支
运动终板

神经细胞的功能

人的大脑是由神经细胞构成的，神经细胞群组成了神经系统，并通过遍布身体各处的神经细胞获得的的信息，输入大脑神经中枢，然后进行分析、整合，再通过神经网络传导、输出，从而使人体进行各种活动。

神经细胞与神经纤维

　　神经纤维由神经细胞的轴突或树突、髓鞘和神经膜组成，由于神经细胞的突起细长如纤维，因此叫神经纤维。神经纤维主要有两方面作用，即功能性作用和营养性作用，比如坐骨神经中的感觉纤维、运动纤维就属于功能性作用纤维。

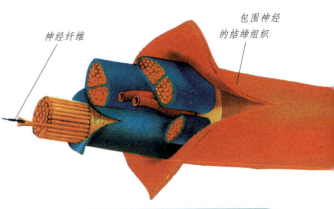

神经纤维

包围神经的结缔组织

脑神经

颈神经

胸神经

腰神经

骶神经

神经细胞间的相互作用

　　我们已经知道，神经系统是由大量的神经细胞构成的，而这些神经细胞之间却并没有原生质相连，仅互相接触，接触的部位称为突触，接触是神经细胞之间的主要相互作用方式。

从头到脚的神经

　　找来一幅神经分布图，你会发现神经就像闪光的索链一样，从头到脚对称地遍布全身，构成一个细密的网络。

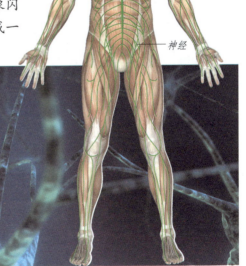

脑

脊髓

神经

病　毒

只要是生物，就都有生老病死，而这"病"字则是指各种疾病，是由病毒引起的。病毒通过侵袭人体内的健康细胞，使健康细胞正常的功能发生异变，并促进病毒的产生。病毒会导致多种疾病，如感冒、发烧、痢疾、艾滋病等。

病毒的组成、大小与形态

病毒主要由核酸和蛋白质外壳组成，有些病毒有囊膜和刺突，如流感病毒。不同的病毒大小不同，直径在 20 纳米～450 纳米之间。病毒的形态也是多样的，有球状、杆状、丝状、蝌蚪状等。

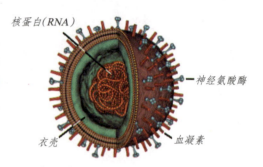

核蛋白(RNA)

神经氨酸酶

衣壳

血凝素

▲ 流感病毒解剖图

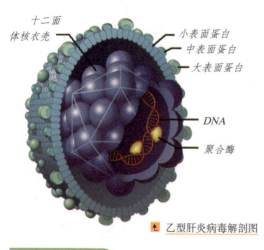

十二面体核衣壳

小表面蛋白
中表面蛋白
大表面蛋白

DNA

聚合酶

▲ 乙型肝炎病毒解剖图

病毒的结构

最简单的病毒中心是核酸，外面包裹着一层有规律地排列的蛋白亚单位，称为衣壳，由核酸和衣壳蛋白所构成的粒子称为核衣壳。较复杂的病毒外边还有由脂质和糖蛋白构成的包膜。

病毒的起源

对于病毒的起源，人们曾有过种种推测：有人认为病毒可能类似于最原始的生命；有人则认为病毒可能是从细菌退化而来；还有人认为病毒可能是宿主细胞的产物。这些推测各有一定的依据，目前尚无定论。

病毒复制

病毒虽然拥有全套基因，但缺乏部分复制自己的能力，因此必须找到某种寄生细胞，才可以延续生命。进入寄生细胞后，病毒开始进行复制，新的病毒很快就产生，从细胞表面破出，再散布到其他细胞中。

噬菌体 T_4

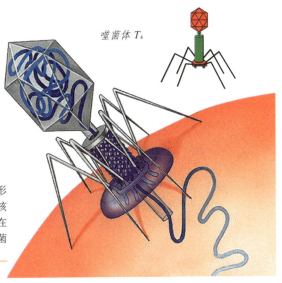

▶ 有一种很奇特的病毒叫做噬菌体，外形就像外星人的飞船。它通过将自己的脱氧核糖核酸注入细菌来复制其本身，空壳悬挂在细菌外部，而它们的新头部和尾部则在细菌里成长为新的噬菌体。

▶ 艾滋病病毒

利用生物病毒

任何事物都有两面性，病毒固然可怕，但只要合理利用，同样可以带来好处，造福人类。比如用病毒制成的疫苗可以让健康的人对这种病毒产生免疫力，病毒还可以作为特效杀虫剂等。

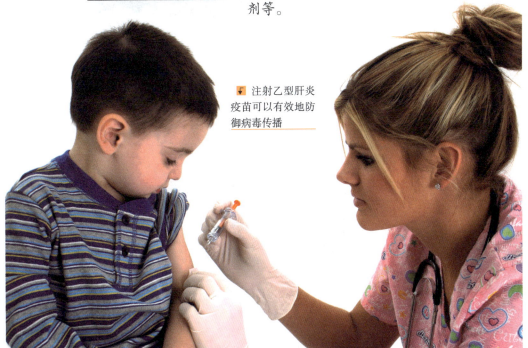

▶ 注射乙型肝炎疫苗可以有效地防御病毒传播

种　子

播下一粒种子，收获万石秋粮，因此可以说是种子养活了世界上庞大的人口。种子是植物特有的繁殖体，除了玉米、小麦等庄稼种子，还有其他裸子植物和被子植物的种子。

种子的形态

种子的大小、形状和颜色因种类不同而异：椰子的种子很大，而油菜、芝麻的种子较小；蚕豆的种子为肾脏形，而豌豆的为圆球状，花生的为椭圆形，瓜类的多为扁圆形；种子颜色以褐色和黑色居多，但也有其他颜色，例如豆类种子就有黑、红、绿、黄、白等色。

⬆ 各种形状的种子

种子的结构

种子是由植物的胚珠经过传粉受精发育而成的，一般由种皮、胚、胚乳三部分组成。有些植物成熟的种子只有种皮和胚两部分，这是因为它们的胚乳在发育过程中被胚分解吸收了。

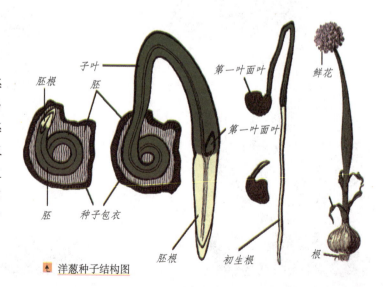

胚根　子叶　胚　第一叶面叶　鲜花

第一叶面叶

胚　种子包衣　胚根　初生根　根

⬆ 洋葱种子结构图

种子的休眠

由于种子的胚发育未完全成熟或者种皮(壳)太厚太硬,使得鲜活的种子在适宜萌发的条件下不能正常萌发,这种现象就是种子休眠。只要通过适当的办法就可以解除休眠。

种子的寿命

种子成熟后离开母体时仍然是活着的,不同植物种子的寿命有很大差异。有些植物种子寿命很短,如巴西橡胶的种子仅能存活一周左右,而莲的种子寿命很长,可存活长达数百年乃至上千年。这里所说的种子寿命,一定意义上就是指种子保持发芽能力的年限。

刚长出的子叶

子叶渐渐长大

胡须状的根

种子处理

播种前进行种子处理是一项经济有效的增产措施。它可以提高种子品质,防治种子病虫害,打破种子休眠,促进种子萌发和幼苗健壮生长。

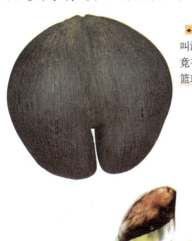

◀ 世界上最大的种子,是一种叫海椰子的植物种子,一粒种子竟有 18 千克重,差不多和一个篮球一样大。

↓ 种子萌发要先吸足水分,有的吸水量超过自身重量的 1 倍。这时候,周围环境的温度也很重要,各种不同的种子均有适宜自己萌发的温度。

杂交物种

我们身边有些动物是通过杂交生成的,而在市场上,你会见到许多奇特的水果、蔬菜或者是鲜花,它们也是通过杂交产生的, 这些个体就是杂种。它们是不同种属的动物或植物之间通过交配而生成的新品种。

杂种优势

自从杂交研究开展以来,经过数代生物学家的努力,发现杂种优势是生物界的普遍现象——杂种往往比它的"父母"表现出更强大的生长速率和代谢功能,另外还表现出器官发达、体形增大、产量提高、抗灾能力强等特征。

➡ 20世纪70年代,在中国诞生了一种特殊的杂交鱼,这种鱼既显示了鲤鱼的形态特征,又有鲫鱼的形态特征,还有介于两者之间的特征。经过反复培养繁殖和大量的试验研究,证明这种鱼表现出了物种远缘杂交后所产生的新的有利特征:生长速度快、容易繁殖和饲养、鱼肉味道鲜美、蛋白质含量高、脂肪含量低,成为大有推广和应用前途的新型优良养殖鱼类。

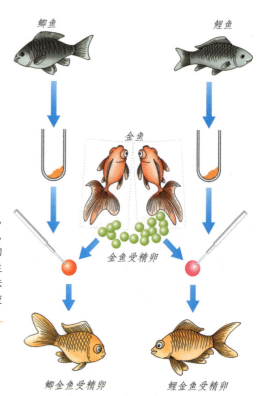

鲫鱼　　　　　鲤鱼

金鱼

金鱼受精卵

鲫金鱼受精卵　　　　　鲤金鱼受精卵

植物的杂种

用一株植物的花粉使另一株植物受精,得到的就是杂交品种。杂交玉米、水稻以及小麦就是通过这种方法繁育出来的。杂交技术不仅在农作物上,在园林植物上也得到了广泛运用。

骡子

早在两千年前,我们的祖先就知道用公马与母驴或公驴与母马交配而获得杂种——骡子。骡子个头较大,既有马的灵活性和奔跑能力,又有驴的负重能力和抵抗能力,是非常好的役畜,但一般不能生育。

➡ 公驴可以和母马交配,生下的叫"马骡";公马和母驴交配,生下的叫"驴骡"

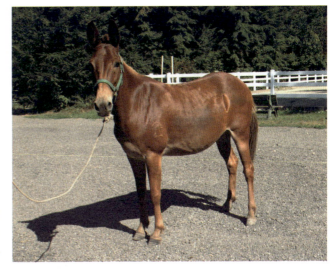

虎狮兽

自然界中老虎与狮子各有天性,相互间并不亲近,但在人工饲养的环境下,虎、狮可以交配受孕,雄虎和雌狮交配而生育的后代叫虎狮兽。虎狮兽具有狮、虎共有的血统:头像狮子,有像狮子一样的鬃毛;身体则像老虎,有类似虎皮的褐色斑。

⬆ "虎狮兽"出现后,并不意味着一个新物种的出现。因为物种必须满足三个条件:在自然界有一定的分布区;有一定的种群数量;能自然交配有繁殖能力的后代。因此,将"虎狮兽"定为一个新物种还言之尚早。

➡ 无籽儿西瓜

⬅ 杂交西红柿

存在的问题

同一种类杂种生物个体之间的差异并不很明显,比如说杂交西红柿,看起来与普通西红柿极为相似。但杂种存在不能繁衍后代的重大问题:植物无法制造种子或种子不能使用,动物有生殖系统却无法生育后代。

农作物的培育

农作物是人类生存的根本，为人类提供了食物和其他生活资料。原始时，人们先是到处打猎和采集果实，后来发现有些植物经过培育后可以解决温饱问题，便开始研究，用来更好地培育农作物。

玉米

玉米是主要的农作物，通过长期的育种试验，今日的玉米穗子已经相当大且饱满，种子排列得非常紧凑，很难自然将种子散布出去，因此目前世界上已经没有野生品种的玉米存在了。

➡ 玉米是谷实类饲料的主体，也是我国主要的能量饲料。

小麦

你知道我们平常吃的面包、饺子、面条等面食是怎么来的吗？你会回答是用面粉做成的。没错，但面粉又是怎么来的呢？面粉是小麦加工而成的。小麦是主要粮食之一，在我国有着漫长的种植和培育的历史。

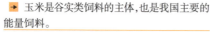

棉花

我们买衣服时经常听到"纯棉"一词，这其实就是说那件衣服是用棉料加工成的，而最初的原材料则是棉花。棉花也有着悠久的培育史，人们在种植中不断地改良其品种，从而产出更优质、更高产的棉花。

☞ 棉花的基因被改变，可使棉花的产量和抗病能力有所提高。

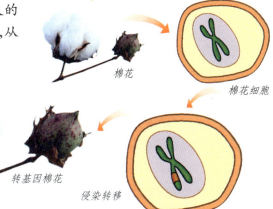

棉花

棉花细胞

转基因棉花

侵染转移

☞ 国际上甚至把杂交稻当做中国继四大发明之后的第五大发明，誉为"第二次绿色革命"。

杂交水稻

我们已经知道杂种的优势，人们选用两个在遗传上有一定差异，同时它们的优良性状又能互补的水稻品种进行杂交，获得具有杂种优势的第一代杂交种并用于生产，这就是杂交水稻。

"杂交水稻之父"

几十年前，水稻的产量并不高，因此我国许多地区的人们面临着饥饿的威胁。袁隆平看在眼里急在心上，他带领助手经过多年的努力，终于获得了成功，使水稻产量得到了很大提高。增产的水稻每年为全世界解决了7 000万人的吃饭问题，他也因此被誉为"杂交水稻之父"。

☞ 袁隆平，生于北京，我国杂交水稻研究创始人，被誉为"杂交水稻之父"、"当代神农"、"米神"等。

自然选择

适者生存,劣者淘汰,这就是自然选择。"自然选择"一词其实只是个形象的比喻,并非有什么超自然力量在进行选择,而是生物与自然环境相互作用的过程和结果。

达尔文与《物种起源》

达尔文通过实地考察和翻阅大量资料,前后经过二十多年的时间,终于写出了科学巨著《物种起源》。在这部书里,他提出了著名的"进化论"思想,指出物种是不断变化的,是由低级到高级、由简单到复杂的演变过程。

➡ 1859 年,达尔文在他撰写的《物种起源》里阐述了进化论。他首次向人类勾画出生命由简单到复杂、由低级向高级发展的图式,为生命科学的研究和发展奠定了科学基础。后来又在《人类起源》一书中提出人类起源于远古灵长类动物的观点。

过度繁殖

达尔文发现,地球上的各种生物普遍具有很强的繁殖能力,比如象,尽管它繁殖很慢,但是如果各种生存条件理想的话,那么在不太长的时期内,一对象产生的后代数量会非常惊人。

生存竞争

事实上，每种生物的后代能够生存下来的却很少。这是为什么呢？达尔文认为，这主要是繁殖过度引起的生存竞争的缘故。为了食物、配偶或者栖息地等，这种竞争普遍存在于物种内部和物种之间。

遗传和变异

生存竞争会导致生物大量死亡，什么样的个体才能够获胜并生存下去呢？达尔文用遗传和变异来进行解释。他认为一切生物都具有产生变异的特性，引起变异的根本原因是环境条件的改变。在生物产生的各种变异中，有的可以遗传，有的不能够遗传。

适者生存

哪些变异可以遗传呢？达尔文用适者生存来进行解释。他认为：在生存竞争中，具有有利变异的个体，容易在生存斗争中获胜而生存下去。反之，具有不利变异的个体，则容易在生存斗争中失败而死亡。

↵ 鳄鱼从白垩纪晚期日趋多样化，属脊椎动物爬行纲，是祖龙现存的唯一的后代，经过变异与进化，到今天依然凶猛无比。

↑ 白老虎和其他的白孔雀、白狮子一样，都是"白化儿"，就是父母均带有不正常的白色隐性等位基因。生下"白化儿"的几率大约有万分之一。

化石研究

你知道化石是怎样形成的吗？它有什么意义呢？简单来说，化石就是古代生物留下来的遗迹，一般形成于岩层中。我们通过化石进行研究，经过对地质年代的分析，可以更准确地了解地球生命的演化过程。

实体化石

顾名思义，实体化石就是古生物遗体本身形成的化石。原来，生物在特殊情况下，遗体避开了氧化和腐蚀，得到了较完整的保存。例如猛犸象，在被发现时，不仅骨骼完整，连皮、毛、血肉，甚至胃中食物都保存完整。

➡ 猛犸象曾是石器时代人类的重要狩猎对象，在欧洲的许多洞穴遗址的洞壁上，常常可以看到早期人类绘制的它的图像。

模铸化石

当你揭开一片紧贴于潮湿地面很久了的树叶时，你会发现地面上留下了叶子清晰的印痕。与之同理，模铸化石就是生物遗体在地层或石岩中留下的印模或复铸物。

⬅ 印有树叶的化石

遗迹化石

遗迹化石是指保留在岩层中的古生物生活活动的痕迹和遗物。遗迹化石中最重要的是动物的足迹、爬痕等；遗物化石往往是指动物的粪便形成的粪化石和蛋卵形成的蛋化石，最著名的当数白垩纪地层中的恐龙蛋了。

化学化石

有些古生物的遗体被破坏，但其化学组成物仍可保留在岩层中形成化石。这种化石看不见、摸不着，但根据现代科学手段足以证明这种生物确实存在过，因此称为化学化石。

琥珀是第三纪松柏科植物的树脂，经地质作用掩埋于地下，经过很长的地质时期，树脂失去挥发成分并聚合、固化形成琥珀。

特殊的化石——琥珀与龙骨

古代植物分泌出的树脂具有很强的浓度和黏性，昆虫或其他生物一旦被粘在其中，在外界空气无法透入的情况下不会有明显变化，就形成了琥珀。而被人们用做中药的龙骨则是尚未完全石化的哺乳类动物的骨骼和牙齿化石。

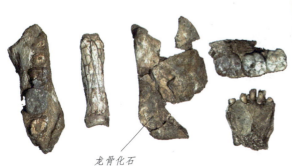

龙骨化石

伪装和拟态

在战争题材的影视作品中，我们经常看到解放军在树林中行军时会穿着的迷彩服、戴上树枝编成的帽子，这便是伪装。有些鸟将蛋产在别的鸟的巢穴里，并使蛋看起来与鸟巢中其他蛋很相似，这便是拟态。

保护色

保护色表现为与环境色彩相似，不易被识别，这里的"环境色彩"应是环境中主要的、占优势的色彩，如绿色草坪上的蚱蜢大多也都是绿色的，这样可以躲避敌害的捕捉和攻击。

⬆ 蚱蜢的保护色

⬆ 毒蛾的幼虫为世界性森林和行道树食叶害虫，它能把树冠叶片完全吃光，造成树木死亡。

警戒色

具有警戒色的动物、植物一般都具有鲜艳夺目的色彩或斑纹，以及潜在的伤害性，这样可以使敌害易于识别利害，避免自身遭到攻击。如毒蛾的幼虫，如果被鸟类吞食，其毒毛会刺伤鸟的口腔黏膜，因此它的色彩就成为了鸟的警戒色。

竹节虫

竹节虫是个高明的"伪装大师",当它栖息在树枝或竹枝上时,活像一枝枯枝或枯竹,很难分辨真假。就算有时受惊后落在地上,竹节虫仍能装死不动。凭借这身以假乱真的本领,竹节虫总是能很轻易地躲避敌害。

枯叶蝶

枯叶蝶为了保护自己不受敌害攻击,会进行拟态。当一只枯叶蝶停留在树枝上时,就像一片枯树叶,当人们无意中用手碰到它时,才会发现它并不像枯叶那样飘落到地上,而是一抖身体飞向空中。

枯叶蝶两对翅膀的颜色和花纹与干枯的树叶简直一模一样。

狡黠的杜鹃

拟态现象虽然多发生于昆虫类,但也是部分鸟类的惯用"伎俩",其中的代表就是寄生鸟——杜鹃。它会精确地模拟其他鸟的蛋,将自己的蛋产在那里,让别的鸟在不知情的情况下为它孵化后代。

杜鹃幼雏会将同巢的寄主的卵和幼雏推出巢外

杜鹃的外形和行为类似鹰属,寄主见了害怕,因此杜鹃能不受干扰地接近寄主的巢。

杜鹃的卵形似寄主的卵

寄主仍然在精心地照料小杜鹃

杜鹃鸟也叫布谷鸟,常栖息在温带或者热带森林和丛林里,它们十分害羞,经常躲在森林深处。在森林里,多数时候人们只能听到杜鹃的叫声,而看不见杜鹃身影。

图书在版编目（CIP）数据

科学在你身边. 生殖与遗传 / 畲田主编. —长春：北方
妇女儿童出版社，2008.10（2017.2 重印）
ISBN 978-7-5385-3519-8

Ⅰ. 科… Ⅱ. 畲… Ⅲ. ①科学知识-普及读物②生殖-
普及读物③遗传学-普及读物 Ⅳ. Z228 Q418-49 Q3-49

中国版本图书馆 CIP 数据核字（2008）第 137219 号

出版人：李文学
策 划：李文学 刘 刚

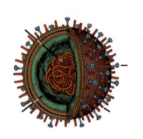

科学在你身边

生殖与遗传

主　　编：	畲　田
图文编排：	药乃千　白　冰
装帧设计：	付红涛
责任编辑：	宋　莉　何博之
出版发行：	北方妇女儿童出版社
	（长春市人民大街 4646 号　电话：0431-85640624）
印　　刷：	三河市燕春印务有限公司
开　　本：	787×1092　16 开
印　　张：	4
字　　数：	80 千
版　　次：	2008 年 10 月第 1 版
印　　次：	2017 年 2 月第 7 次印刷
书　　号：	ISBN 978-7-5385-3519-8
定　　价：	29.80 元